DK精彩的
虫百科

[英]杰西·弗伦奇 著
[英]克莱尔·麦克尔法特里克 绘
吴学安 译

浙江教育出版社·杭州

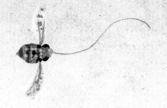

图书在版编目（CIP）数据

DK精彩的虫百科 / （英）杰西·弗伦奇
（Jess French）著 ；（英）克莱尔·麦克尔法特里克
（Claire McElfatrick）绘 ；吴学安译. -- 杭州 ：浙江
教育出版社，2022.9
书名原文：The Book of Brilliant Bugs
ISBN 978-7-5722-4294-6

Ⅰ. ①D… Ⅱ. ①杰… ②克… ③吴… Ⅲ. ①昆虫—
少儿读物 Ⅳ. ①Q96-49

中国版本图书馆CIP数据核字（2022）第149360号

引进版图书合同登记号　浙江省版权局图字：11-2022-272

DK　Penguin Random House

DK精彩的虫百科
DK JINGCAI DE CHONG BAIKE
［英］杰西·弗伦奇　著
［英］克莱尔·麦克尔法特里克　绘
吴学安　译

责任编辑：王方家　江　雷　　美术编辑：韩　波
责任校对：王晨儿　　　　　　　责任印务：曹雨辰

出版发行：浙江教育出版社（杭州市天目山路 40 号）
印刷装订：当纳利（广东）印务有限公司
开　本：635mm×965mm　1/8
印　张：11
字　数：220 000
版　次：2022 年 9 月第 1 版
印　次：2022 年 9 月第 1 次印刷
标准书号：ISBN 978-7-5722-4294-6
定　价：98.00 元

如发现印、装质量问题，影响阅读，请联系调换。
联系电话：010-62513889

FSC　混合产品
纸张 | 支持负责任林业
www.fsc.org　FSC® C018179

For the curious
www.dk.com

DK精彩的
虫百科

在奇妙的虫子世界中，有很多不可
思议的事情发生。这些非凡的动物遍布
地球，与我们共享这个世界，在我们的
脚下生活。

尽管它们的形态怪异，行为奇妙，
但是由于体型很小，它们常常被我们忽
略。要想真正地了解它们，你必须放下
身段，进入它们的世界。来吧！请和我
一起去精彩的虫子世界探险，很快你就
会发现这些虫子的真正重要性。

杰西·弗伦奇

目 录

我们大多数人将各种各样的爬虫都归类为虫子，但是科学家谈论的虫子是指一种非常特殊的昆虫，称为"半翅目昆虫"。这只彩虹盾蝽就是他们所说的一只"半翅目昆虫"。

什么是虫子？

一只虫子是一个庞大家族中的小小一员。从高耸的山脉和干燥的沙漠到家里的花园，我们几乎可以在地球上的任何地方发现虫子。

很多人认为虫子就是昆虫，但是昆虫的一些近亲（节肢动物门中的其他动物）也被称为虫子。它们的大家族也有更多令人惊叹的亲戚。虫子有很多不同的形状和大小，但是它们的共同点是它们的背部没有脊椎骨，也就是说，它们都是无脊椎动物。

虫子和它们的亲戚是地球上最重要的生物之一。如果没有它们，我们的世界将看起来完全不同，很多类型的动物和植物将完全消失。

让我们近距离地观察这些小动物吧……

无脊椎动物

虫子是无脊椎动物，也就是说，它们的背部没有脊椎骨。

在地球上的所有动物中，有95%的动物是无脊椎动物。地球上一共有超过100万种不同的无脊椎动物！

所有背部没有脊椎骨的动物都是无脊椎动物，但是并非所有无脊椎动物都是虫子。

脊椎动物是背部有脊椎骨的动物，包括哺乳动物、鸟类、鱼类、爬行动物和两栖动物。这些动物只占地球上所有动物的5％！

与无脊椎动物相比，脊椎动物看起来体型大而且强壮，但事实是，如果没有虫子和它们的亲戚，大多数脊椎动物将会灭绝！

虫子的世界

虫子和它们的近亲回收我们的垃圾，为其他动物提供食物，还为植物授粉。它们维持着世界的正常运转。虫子和它们的近亲很擅长适应不同的环境，并且遍布世界各地。

即使在炎热干燥的沙漠等恶劣环境中，也有特别的虫子能适应环境生存。

共同生活

虽然有些种类的虫子喜欢独自生活，但是有很多种类的虫子是群居动物，它们生活在一起，互相帮助，一起寻找食物、建造巢穴、吓跑捕食者，而且共同抚养幼虫。

数以百万计的爬虫在土壤下挖洞，而有些爬虫则喜欢在水下建造巢穴。

虫子已经存在了数百万年，它们早在恐龙出现之前就已经存在了！

海洋中生活着很多
奇妙、怪异的虫子。

虫子的行为

虫子之间有特殊的沟通方式。它们用动听的歌声，甚至古怪的舞步进行交流！

认识这一家

无脊椎动物家族好庞大！

我们将无脊椎动物这个大家族细分为一些较小的群体，以帮助我们更好地了解它们。节肢动物、蠕虫和软体动物都是无脊椎动物中的一些主要群体，还有海绵、珊瑚和海星也是无脊椎动物！

昆虫

昆虫是节肢动物中最大的群体。实际上，地球上大约80%的动物都是昆虫。大部分昆虫有六条腿，三个体段，复眼和一对可抽动的触须。

蜜 蜂

蜻

红翅虫

竹节虫

乌柏大蚕蛾

树 蝨

螳螂

叶䗛

蚂 蚁

蛛形纲

蛛形纲动物有八条腿，它们的身体由两部分组成。它们没有触须或翅膀，但是有非常特别的口器，可用来捕获猎物和切碎食物。

树皮蝎

鞭蛛

墨西哥金背

圆网蛛

鞭蝎

扁虱

螨虫

节肢动物

节肢动物是无脊椎动物中最庞大的群体。这个群体非常非常庞大！

当今地球上所有活着的动物物种中，有85%是节肢动物。大多数节肢动物都是虫子。每只节肢动物都有外骨骼、有关节的腿和分节的身体。节肢动物中的四个主要群体是昆虫、蛛形纲、多足类和甲壳类。

10

甲壳类

几乎所有的甲壳类动物都生活在水中，而且非常适应水中生活。大多数人将它们视为水生动物而不是虫子，但是潮虫是一个小例外。潮虫是唯一的在陆地上度过一生的甲壳类动物，我们常常在花园和林地中看见它们。

潮　虫

珍宝蟹

美洲螯龙虾

软体动物

软体动物是身体柔软的无脊椎动物。有些这些虫子弟兄大多有坚硬的保护壳，有些还有触角！很多软体动物生活在海洋中，但是有一些生活在陆地上。

腹足纲软体动物

软体动物中最大的一类是腹足纲软体动物，它们有肌肉发达的身体，数百颗小牙齿，还有具有视觉和触觉功能的触角。大多数腹足纲软体动物都有壳，但是有些则没有，例如蛞蝓。

牡蛎

章　鱼

蛞蝓

贻贝

裸鳃类

海螺

多足类

像昆虫一样，多足类动物有一对触须，但是它们的身体不是三个部分而是很多部分，有些甚至有超过100多个身体部分！马陆和蜈蚣是最常见的多足类动物，它们的腿数是地球上所有动物中最多的。

粉色马陆

常见蜈蚣

印度墙宝蜈蚣

蠕虫

蠕虫有细长的身体，没有腿。像蚯蚓那样的多环节蠕虫有长长的肌肉身体，分成数段，擅长挖洞和游泳。扁虫是非常简单的生物，它们通常以寄生虫的形式生活在其他动物的体内。

红树林扁虫

蚯蚓

水蛭

昆虫的身体

昆虫有数千种不同类型，但是它们都有**六条腿和由三个部分组成的身体**。

大多数昆虫的头部都长着一对触角，帮助它们闻、触和尝。

头部 胸部

腹部

触角

眼睛

腿

爪

外骨骼

眼睛

昆虫的眼睛可以是单眼或复眼。复眼由数百个对光敏感的小眼组成。

腿

昆虫有六条腿，腿上有很多关节。腿的端点有爪，用以紧紧抓住物体的表面。

外骨骼

昆虫通常有坚硬的外壳，称为外骨骼。

昆虫的口器

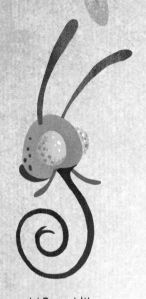

蝴蝶
长管(虹吸式)
蝴蝶有长长的中空舌，非常适合吸吮甜甜的花蜜。

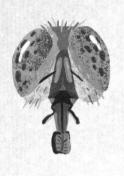

苍蝇
舔吸式
苍蝇的海绵状唇瓣可以吸取柔软的食物和液体，不需要咀嚼！

甲虫
咀嚼式
甲虫的强壮双颚足以咀嚼木头。

蜂类
嚼舔式
蜂类也用它们的口器制作蜂巢。

蚊子
刺吸式
蚊子的针状嘴可以刺穿皮肤。

昆虫的腿

龙虱
游泳
龙虱长长的后腿上长着浓密的毛，有助于游泳。

螳螂
捕猎
螳螂有闪电般运动的前腿，其上有尖锐的刺，用来困住猎物。

花粉

蜂类
携带花粉
蜂类的腿上有特殊的毛，用于收集和携带花粉。

蝼蛄
挖掘
蝼蛄的铲状前腿可以用来挖地下通道。

蚱蜢
跳跃
蚱蜢用肌肉发达的后腿将自己弹向空中。

有鳞的翅膀

蝴蝶的翅膀上覆盖着数千微小鳞片，可以有鲜艳的颜色，用来吸引配偶或警告捕食性动物远离。

苍蝇

平衡技术

苍蝇有一对大翅膀用来飞行，还有一对小翅膀，称为"平衡棒"，用来保持平衡。

蝴蝶

奇妙的翅膀

在所有飞行动物中，昆虫是首先飞向天空的动物种类。在翼龙、鸟类和蝙蝠出现之前的数百万年，昆虫就已经在空中鼓翼飞舞了。

嘈杂的翅膀

蟋蟀通过摩擦上下两对翅膀发出噔噔声。

蟋蟀

为速度打造

蜻蜓是飞行最快的昆虫之一，它们的飞行速度可以达到约72千米/时。它们可以向前飞，向后飞，向上飞，向下飞。它们的翅膀轻巧而坚固，每只翅膀都可以独立扇动。

蜂

有些昆虫通过肌肉扇动翅膀，而有些昆虫则通过改变胸部形状来扇动翅膀。

蜻蜓

钩在一起的翅膀

蜜蜂有两对翅膀，翅膀上有微小的钩子，将前后翅膀钩在一起，在扇动翅膀的时候可以节省力气。

锹虫

被保护的翅膀

甲虫有坚硬的翅膀罩，称为"翅鞘"。在甲虫不飞行的时候，翅鞘可用来保护翅膀。

多视角的眼睛

无论是寻找食物，感知光线，还是逃避攻击，眼睛对于很多虫子而言都是至关重要的。虫子的眼睛有很多不同的形状和大小。有些虫子有多只眼睛，每只眼睛都有特殊的功能。

复眼

昆虫和甲壳类动物有由很多微小的透镜组成的复眼。它们通常擅于发现动静，但是不擅于查看细节。而蜻蜓和螳螂的眼睛既擅于发现动静，也擅于查看细节。

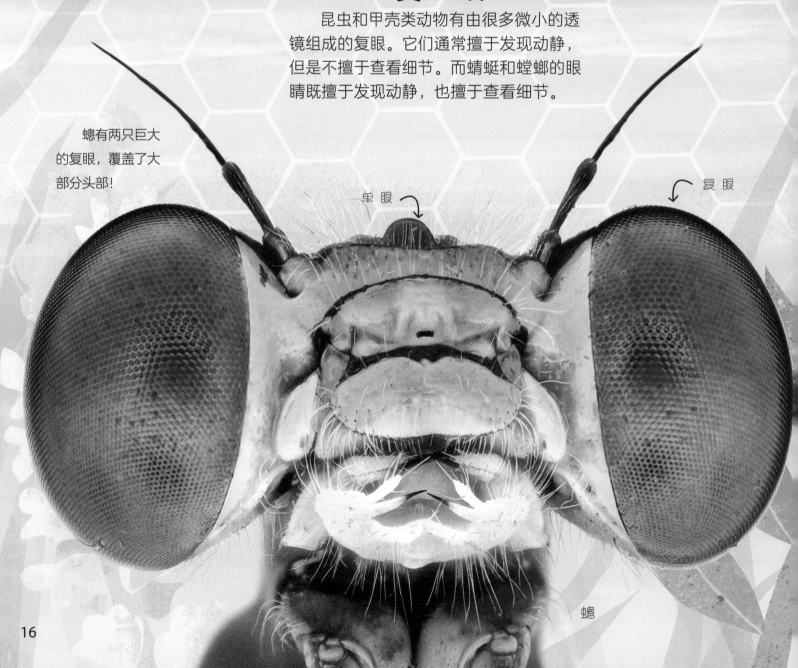

螅有两只巨大的复眼，覆盖了大部分头部！

单眼

复眼

螅

跳蛛有八只单眼，其中四只位于面部，其余四只位于头顶。这些眼睛可以使它们准确地判断距离，然后捕捉猎物。

跳蛛

你有没有打过苍蝇？苍蝇发现动静的速度是人类的五倍，这就是它们如此擅长逃离我们攻击的原因。

红头丽蝇

单眼

有些节肢动物有单眼，而没有复眼。而有些节肢动物则既有单眼，也有复眼！单眼通常比复眼小，并且擅长察觉光强弱的变化，从而帮助虫子确定时辰。

螳螂可以像人一样看到三维世界。这个能力有助于它们在飞掠的时候从空中抓走猎物。

蜗牛的眼睛长在触角的茎状末端。这种虫子的视力不好，因此它们将感觉和视觉结合在一起使用。

螳螂

常见的庭院大蜗牛

17

蜗牛属于无脊椎动物中的"软体动物"。很多软体动物都有坚硬的保护壳和触角。

虫子和它们的亲戚

昆虫、蛛形纲动物以及其他爬虫类与数百万其他小动物有近亲关系，因为它们都是无脊椎动物。这个庞大的动物群体包括节肢动物、蠕虫和软体动物。

尽管虫子与它们的亲戚属于一个大家族，但是它们的外貌并不都相同。从蠕动的蠕虫到爬行的蜘蛛，它们有数千种不同的形态。

无脊椎动物中最大的群体是节肢动物。这个庞大的群体包括昆虫、蛛形纲动物、多足类动物和甲壳类动物等，每个家族都有很多迷人的成员。

有这么多奇妙的虫子家族有待我们去了解，一定会有很多新发现在等着我们去揭晓。

昆 虫

蟑 螂

昆虫是**无脊椎动物中最大的群体**，实际上，它们是所有动物中最大的群体！世界上存在超过一百万种不同类型的昆虫，分为24类。下面是其中一些我们熟知的昆虫。

蟑 螂

我们经常看见这种匆匆忙忙的虫子在厨房出没，以人类的食物残渣为生。

蜜蜂、黄蜂和蚂蚁

这些小昆虫通常成群地生活在一起，它们有些带有毒螫，可以注射令人疼痛的毒液。

兰花蜂

泥蜂

蚂 蚁

蚂蚁在寻找食物的时候，会留下气味痕迹，以便其他蚂蚁跟随。

几乎所有昆虫都从卵子孵化。

叶螽

蜻 蜓

蜻蜓和螅

这类昆虫均分别有两只大眼睛和两对漂亮的翅膀，它们是很厉害的飞行捕食动物，出生时是水下的若虫。

螅

竹节虫

竹节虫和叶螽

这些缓慢移动的虫子主要生活在热带雨林中，它们的伪装色可以和周围环境融为一体。

20

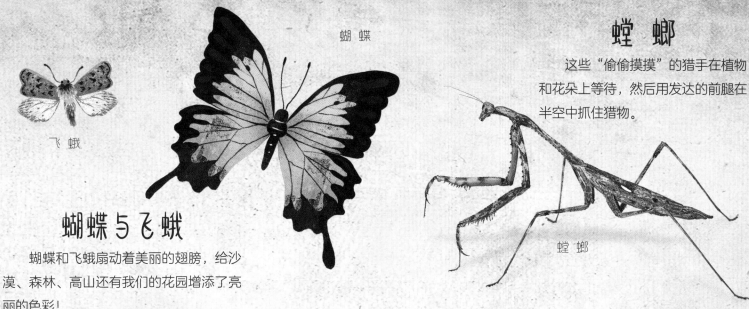

蝴蝶与飞蛾

蝴蝶和飞蛾扇动着美丽的翅膀，给沙漠、森林、高山还有我们的花园增添了亮丽的色彩！

飞蛾

蝴蝶

螳螂

这些"偷偷摸摸"的猎手在植物和花朵上等待，然后用发达的前腿在半空中抓住猎物。

螳螂

昆虫中几乎有一半是甲虫！

花金龟

蚊子

苍蝇

苍蝇

这些小巧的、身体柔软的昆虫有两只大翅膀，用来飞行。它们还有两只小翅膀，用来保持平衡。这些翅膀使它们能够在空中快速飞行。

蠼螋

蠼螋

蠼螋通常出现在裂缝或缝隙中，经常在晚上出没。它们有细长的身体和尖锐的螯。

薄荷叶甲虫

甲虫

这种庞大奇妙的昆虫群体遍布世界各地，它们都有坚硬的外骨骼。

蟋蟀

蚱蜢和蟋蟀

这些嘈杂的昆虫经常在草地上跳来跳去。蝗虫和美洲大螽斯也属于这一类。

蜡蝉

蝽

蝉

半翅目

具有吮吸口器的昆虫（例如蚜虫、蝉、蜡蝉和蝽）被称为"半翅目"。它们主要以植物为食。

蚜虫

蚱蜢

蜘蛛和蝎子

蛛形纲动物是虫子世界的猎手，它们有八条腿和特别的口器，非常适合捕捉并杀死猎物。

很多蜘蛛制作丝网捕捉猎物。蜘蛛是蛛形纲中唯一可以制造丝网的虫子。

蜘 蛛

蛛形纲动物中大约有一半是蜘蛛。大多数蜘蛛有锋利的毒牙，用来将毒液注入猎物，但是很少有蜘蛛会产生对人体有危险的毒液。

蜘蛛是非常有爱心的母亲，它们随身携带卵囊，以保护未出生的幼虫安全。

洞穴蜘蛛

澳大利亚的孔雀蜘蛛

孔雀蜘蛛不仅有亮丽的颜色，还会跳超级时髦的舞步，用来炫耀和吸引配偶。

欧洲十字
园蛛

大多数蜘蛛和蝎
子会产生有毒物质，
称为"毒液"。

蝎 子

与所有蛛形纲动物一样，蝎子也有
八条腿。蝎子还有可以夹东西的大钳，
这些钳其实是嘴的一部分！蝎子最著名
的特征是长长的弓形尾巴，用于螫刺猎
物，使其束手就擒。

蝎子的尾巴
端有螫，可以释
放毒液。

蝎子的钳可以
捕捉猎物、取水和
与配偶跳舞。

亚利桑那树皮蝎

水蛛携带气
泡，因此它们可
以在水下呼吸。

水 蛛

蛛形纲动物

蛛形纲动物中最大的群体
是蜘蛛，但是其他8条腿的蛛
形纲虫子也同样令人着迷。

鞭 蝎

这种热带蜘蛛会从尾部喷出酸来
保护自己。

鞭 蛛

尽管这种穴居虫子的名字里有"
蛛"字，但是它们并不是蜘蛛。它们
超长的腿可以在黑暗中探路。

螨虫和扁虱

这些虫子被称为"寄生虫"，因为
它们通常依靠其他动物的血液生存。

盲蜘蛛

人们经常混淆盲蜘蛛与蜘蛛。盲
蜘蛛也被称为"长腿蛛"。

23

巨型棕色马陆

红色马陆

马陆和蜈蚣

多足纲动物，例如马陆和蜈蚣，**可以有多达750条腿**！它们用这些腿来挖地下通道和追捕猎物。有些蜈蚣甚至用它们的尖腿来伤敌。

球马陆

马陆

马陆是缓慢爬行的爬虫。它们用很多条腿挖洞，将光滑的圆筒形身体推过土壤和腐烂的植被。大多数马陆是素食动物，以枯死的植物和落叶为食。

球马陆

有些马陆，包括非洲巨人马陆，当它们受惊的时候，会团成球形。

粉色马陆

约安巨马陆

马陆的每个体节都有两对短腿。

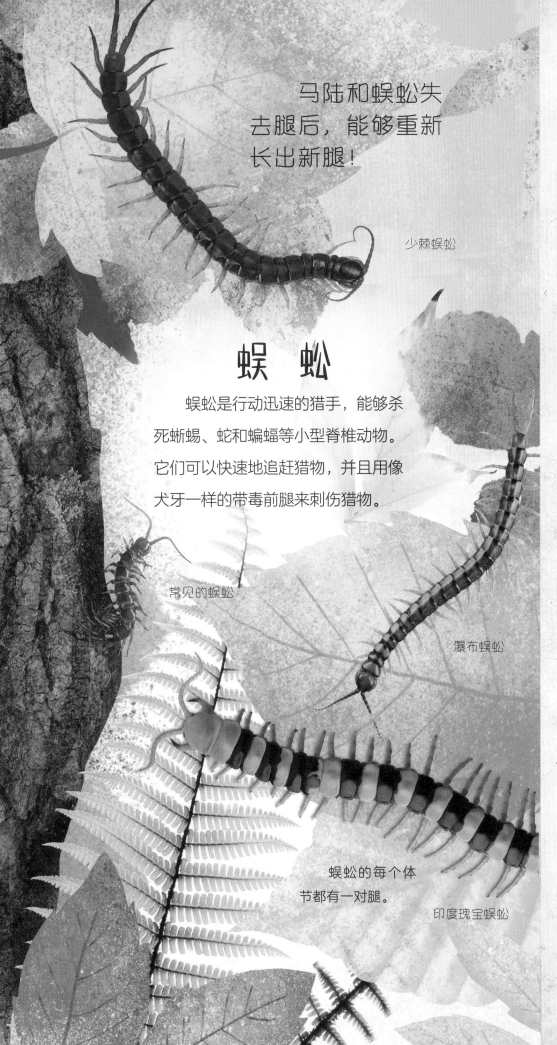

马陆和蜈蚣失去腿后，能够重新长出新腿！

少棘蜈蚣

蜈 蚣

蜈蚣是行动迅速的猎手，能够杀死蜥蜴、蛇和蝙蝠等小型脊椎动物。它们可以快速地追赶猎物，并且用像犬牙一样的带毒前腿来刺伤猎物。

常见的蜈蚣

瀑布蜈蚣

蜈蚣的每个体节都有一对腿。

印度瑰宝蜈蚣

多足纲动物

区分这些奇怪的虫子并不总是很容易。让我们来更好地了解它们。

球马陆

人们有时会混淆球马陆与潮虫。球马陆的身体比其他马陆短很多。

平背马陆

顾名思义，这些马陆具有扁平身体，而不是圆筒形身体。

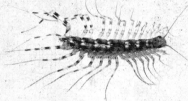

蚰 蜒

人们经常会发现长腿蚰蜒在房屋周围爬，吃蟑螂和其他害虫。

哈氏蜈蚣

这种巨大的热带蜈蚣捕食鸟类、两栖动物和哺乳动物。

海螺和海蛞蝓

你可能熟悉陆地上的蜗牛和蛞蝓，它们是生活在我们花园中的腹足纲软体动物，但是它们的一些亲戚会**沿着海底爬行或随洋流漂浮。**

放大的海蝴蝶

海蝴蝶是微小的海螺，它们的脚有两个翼状瓣，可以在水中倒置"飞行"。

很多海洋腹足动物**用鳃呼吸。**

海 螺

海螺通常有螺旋状的贝壳，这些贝壳有很多不同的形状、大小和颜色。

鸡心螺

行动缓慢的鸡心螺用致命的毒液阻止猎物游走。

海蛞蝓

最常见的海蛞蝓是颜色鲜艳的裸鳃目动物，它们通常生活在热带浅水区。大多数裸鳃目动物都有两只角状触角和羽毛状腮。

大西洋海神海蛞蝓

裸鳃目动物通常是食肉动物，它们吃鱼、藻类、珊瑚甚至其他裸鳃目动物！

海麒麟

海兔

腹足纲软体动物

大多数腹足纲软体动物都生活在水下，而在陆地上出现的只有蛞蝓和蜗牛。

蛞 蝓

蛞蝓的身体柔软，没有可见的外壳，它们通常在黑暗潮湿的地方出现。

蜗 牛

蜗牛有壳来保护自己的身体，它们可以生活在淡水中、海水中和陆地上。

帽 贝

这种圆顶状贝壳通常附着在海边的岩石上。

鲍 鱼

这种海洋腹足纲软体动物也被称为"海耳"。它们有鲜美的肉和美丽的贝壳，因而被猎杀。

潮 虫

潮虫遍布全球，它们喜欢**生活在凉爽、潮湿的地方**，特别是在腐烂的旧原木下。潮虫是甲壳类动物的一部分。

潮虫有很多名字：

鼠妇，潮虫子、团子虫、西瓜虫、鼠负、负蟠、鼠姑、鼠黏、地虱等。

潮虫吃真菌和腐烂的植物，甚至吃它们自己的粪便！

幼潮虫

母潮虫用一个育雏袋来携带脆弱的白色幼潮虫。

当潮虫受到惊吓的时候，它们会躲进缝隙中或团成小球形。

甲壳类动物

潮虫是唯一可以在陆地上度过一生的甲壳类动物。大多数甲壳类动物是海洋动物。

尽管潮虫生活在陆地上，但是它们仍然用鳃呼吸，就像它们生活在水下的亲戚一样。

潮虫蜘蛛

无论你在哪里看见潮虫，你都可能会发现这种吃潮虫的橘黄色蜘蛛。

常见潮虫

潮虫生长时会脱落旧皮。

龙虾

龙虾生活在海底，它们用强大的螯捕捉猎物。

螃蟹

这些有螯的甲壳类动物在海边横行。

藤壶

藤壶会粘在船上、岩石上、甚至海龟和鲸鱼身上！

磷虾

在海洋中漂流的磷虾是其他数百种海洋动物的食物。

29

水蛭

水 蛭

这些多环节蠕虫以其他动物的血为食。它们被用于人类的医药。

分节蠕虫

分节蠕虫喜欢潮湿的环境，这就是为什么下雨时我们经常能在地面上看见蚯蚓。它们除了在土壤里钻洞外，还在水中游动，在湿沙中滑行，甚至在冰中挖洞！

水蛭

蚯 蚓

在分节蠕虫中，我们最熟知的是蚯蚓。蚯蚓混合土壤，并且给土壤通气（添加氧气），有助于植物生长。

蚯蚓没有肺部，它们通过皮肤吸入氧气。

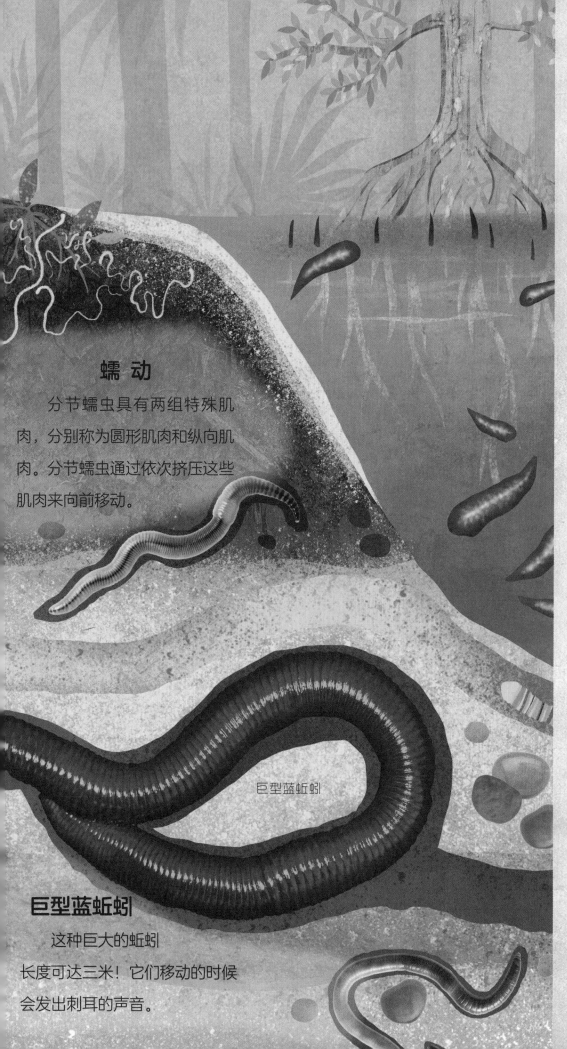

蠕虫

分节蠕虫是蠕虫的三大类之一，另外两类是蛔虫和扁虫。

蠕动

分节蠕虫具有两组特殊肌肉，分别称为圆形肌肉和纵向肌肉。分节蠕虫通过依次挤压这些肌肉来向前移动。

巨型蓝蚯蚓

巨型蓝蚯蚓

这种巨大的蚯蚓长度可达三米！它们移动的时候会发出刺耳的声音。

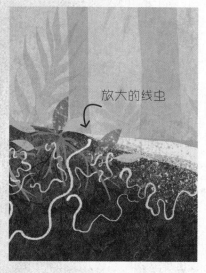

放大的线虫

蛔虫

地球上几乎到处都有线虫，甚至在动物的身体内也有线虫！不过有些线虫很小，因此你通常需要显微镜才能看到它们。

红树林扁虫

扁虫

扁虫的柔软身体没有任何节段。大多数扁虫是寄生虫，它们生活在其他动物体内或体表。人体内的绦虫就是一种扁虫。

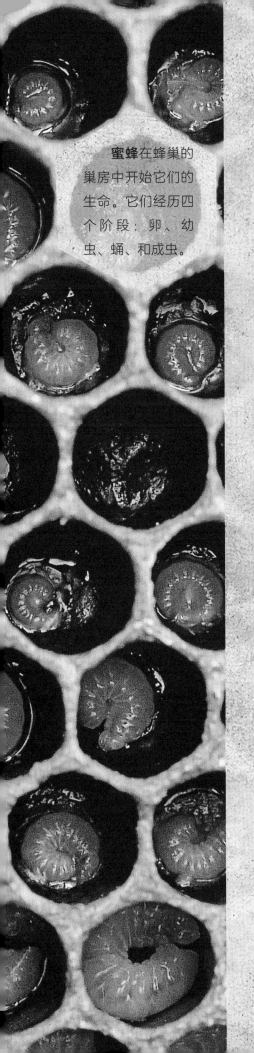

蜜蜂在蜂巢的巢房中开始它们的生命。它们经历四个阶段：卵、幼虫、蛹、和成虫。

虫子的行为

世界很大，虫子很小，但是这些小小的虫子却是世界伟大的建筑工、士兵和伪装大师。

根据它们的生活环境，每只虫子都需要不同的特殊能力。有些虫子很强壮，有些虫子偷偷摸摸，有些虫子利用它们的技能来躲避捕食性动物，而有些虫子则利用它们的技能来吸引配偶。

还有些虫子的秘密是团队合作。在大型虫子群落中，每只虫子都有重要的工作，它们的存活取决于周围的同伴以及整个团体的行为。

科学家们不断发现虫子的奇怪和神秘行为。

兰花蜂

兰花

有香味的虫子
雄兰花蜂从它们所"拜访"的兰花中收集特殊的油，用作香水。有人认为，这种香水有助于吸引配偶。

授粉媒介

蜂类是重要的授粉媒介。

花朵在吸引昆虫方面做出了巨大努力，因为昆虫会帮助花朵授粉。花朵用鲜艳的颜色和强烈的气味来显示它们的花蜜。花蜜是很多昆虫喜欢吃的一种含糖液体。当昆虫落在花朵上觅食的时候，它们的身体会粘上花粉，然后将花粉带到其他花朵上，使它们可以结种子。

熊蜂

董蛱蝶

用餐时间
蝴蝶和飞蛾有长长的吸管状舌头，称为喙管。它们会松开卷曲的喙管，从花朵中吸取花蜜。

蜂鸟鹰蛾

喙管

无花果小蜂

无花果植物

大约有900种
不同类型的无花果
植物。

授粉伙伴

无花果植物和无
花果小蜂彼此依赖，
才能生存。每棵无花
果植物都被特殊类型
的小蜂授粉。作为回
报，小蜂将在被它授
粉的无花果中度过大
部分生命。

墨蚊为用于制
作巧克力的可可植
物授粉。没有墨
蚊，我们就吃不到
巧克力了。

墨蚊

可可植物

蜂兰

蜂兰的花看起
来像雌蜂，足以诱
使雄蜂来访并且给
它们授粉！

花金龟

甲虫为花朵授
粉已经有超过1.5
亿年的历史。

飞蛾的生命循环

有些昆虫的生命周期是如此令人难以置信，就像魔术一样，它们以一种形态出生，然后变成完全不同的形态。**这个过程被称为"完全变态"。**

月形天蚕蛾的卵

新孵化的毛虫

卵

完全变态的第一阶段是卵。飞蛾产卵以后，这些卵通常不到两个星期就会孵化。

飞蛾将卵产在叶子上，使它们孵化成毛虫以后有充分的食物。

月形天蚕蛾毛虫

幼虫

完全变态的第二阶段是幼虫。幼虫喜欢吃！它们需要在大转型之前成长。飞蛾和蝴蝶的幼虫阶段是毛虫。

蛹

蛹

完全变态的第三阶段是蛹。这就是大转型的开始！蛹无法移动，因此需要将自己伪装起来，防止被捕食性动物侵害。

为了安全，蛹通常被丝包裹或埋在地下。

甲虫、苍蝇、蝴蝶、蜜蜂、黄蜂和蚂蚁也经历**完全变态**的过程。

一旦飞蛾成虫的翅膀伸直并且晾干后，它们便会飞走去寻找配偶。

当飞蛾成虫刚孵出的时候，它们的翅膀又湿又皱。

月形天蚕蛾的成虫

成 虫

完全变态的第四阶段，也就是最后阶段，是成虫从蛹中孵化出来。成虫有翅膀，看起来完全不同。成虫的主要任务是完成交配和产卵，以延续物种。

清 洁

动物粪便对人类来说需要对之进行清除，但是对于蜣螂来说则是它们的**食物和庇护所**。无论蜣螂将粪便滚回家，还是在粪便掉落的地方筑巢，有一件事是肯定的：**蜣螂喜欢粪便。**

这只蜣螂正快速滚动着粪便球，以防止被其他偷偷摸摸的蜣螂偷走！

雌蜣螂常常趴在粪便球上"搭便车"，将卵产在粪便球中。

粪便球的重量是蜣螂重量的50倍！

距

"滚球手"
雄蜣螂非常善于收集粪便。它们强壮后腿上的距帮助它们将粪便球向前推进。这种非常强壮的甲虫被称为"滚球手"。

蜣 螂

如果没有蜣螂做清洁，田野和稀树草原就可能到处都是动物粪便！

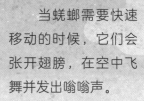

当蜣螂需要快速移动的时候，它们会张开翅膀，在空中飞舞并发出嗡嗡声。

埋藏的宝藏

有些蜣螂被称为"管道工"。它们用强壮的前腿挖地下通道，将宝贵的粪便球埋在地下。

蜣螂很容易找到杂食动物（吃植物和肉的动物）的粪便，但是蜣螂更喜欢大象、犀牛、羊和牛等食草动物的粪便。

温馨的家

有些蜣螂喜欢将粪便球滚回它们的巢穴，但是"宅蜣螂"则喜欢钻入粪便堆中，待在里面。

合作

寻找花蜜，也就是寻找花朵中的含糖液体，**是一项艰巨的工作。**蜜蜂要找到理想的花丛，可能要花很多时间飞来飞去。当它们找到特别好的花蜜和花粉源的时候，它们会将确切的位置告诉蜂群中的其他蜜蜂。

"昆虫群"是一群生活在一起的昆虫。

毛地黄的花有蜜源指示。

蜜蜂

熊蜂

花粉篮

寻找食物

有些花朵的花瓣上有特殊图案，称为"蜜源指示"。蜂类可以凭借出色的视力循着这些指示找到隐藏的花蜜。

搬运货物

蜂类有特殊的胃，可以将花蜜带回蜂巢。有些蜂的后腿上有花粉筐，可以收集和运输花粉。

蜂群的家被称为蜂巢。蜂群在这里将花蜜变成蜂蜜。

蜜蜂在蜂巢中跳舞。

小小舞蹈家

如果蜂巢附近有蜜源，蜜蜂就会返回蜂巢，然后跳圆圈舞。如果蜜源比较远，蜜蜂就会跳比较复杂的舞蹈，称为"8字舞"，以这种舞蹈告诉工蜂确切的蜜源位置。

"8字舞"的角度表明花丛的方向。

"8字舞"的时间长度表明花丛的距离。

蜂群由蜂王、雄蜂和数千名工蜂组成，每只蜜蜂都有特定的工作。

蜜蜂建造六边形蜂巢来储存蜂蜜。

蜂 箱

喝花蜜的熊蜂

会发光的虫子

动物产生光和发光称为"生物发光"。

除了萤火虫，其他动物也可以发光，例如发光的海洋水母，但是萤火虫是唯一可以飞行的发光动物。萤火虫在空中跳舞寻找配偶，并且用它们发出的光照亮森林。

发光原理

萤火虫在自己的体内混合氧气和一种名为荧光素的易燃物质来发光。

成年雄性北斗萤火虫

北斗萤火虫

红色萤火虫

同族萤火虫

同步萤火虫

独特的信号

每类萤火虫都有自己的发光模式。有些萤火虫持续发光，而有些萤火虫则以固定的时间间隔闪烁。

一起跳舞

同步萤火虫可以按照相同的模式同时闪烁。数以百万计的同步萤火虫在夏天聚集在一起表演同步闪烁。

萤火虫有世界上最高的发光效率，其热能损失几乎为零。

觅偶

雄萤火虫和雌萤火虫用它们的光交流并且寻找配偶。

伪装

虫子很小，看起来容易成为捕食性动物的攻击目标。幸运的是，长期以来，这些伪装大师已经进化出**巧妙的隐藏本领**。

宽纹黑脉绡蝶

叶䗛

枯叶螳螂

几乎隐形

有些虫子并不仅仅满足于看起来与周围环境相似，它们竟然是透明的。宽纹黑脉绡蝶有透明的翅膀，这意味着动物的视线会穿过它们。

融入

伪装的虫子看起来就像周围的环境一样，因此它们可以偷偷地爬过栖息地而不被发现，使攻击者很难找到它们。

角蝉

伪装成叶子并不总是有利的，一些饥饿的食草动物会将叶䗛误认为食物！

马脸蚱蜢

柑橘凤蝶幼虫经常被误认为是鸟屎！

成群的角蝉看起来就好像是它们所在的植物或树枝的一部分。

44

假眼睛

有些虫子的眼状色斑看起来像眼睛。毛虫和蝴蝶这样的虫子上的眼状斑点会迷惑、惊吓捕食动物，并且可能阻止鸟类和其他潜在的攻击者。

眼状色斑

猫头鹰蝴蝶

蛹

猫头鹰蝴蝶的蛹融入周围的环境中，帮助自己躲藏和摆脱危险。

象鹰蛾毛虫

谁敢来晚餐？

有些虫子的危险外貌就足以吓退攻击者了。即使是无害的虫子也会使用这个诀窍来避免使自己变成晚餐。

有些象鹰蛾毛虫利用外貌来误导攻击者，让攻击者以为它们是危险的蛇。

显 眼

如果你有毒，就无须隐藏。有令人讨厌的味道或有毒的虫子通常颜色鲜艳，以警告捕食动物不要吃它们。

鸡蛋花天蛾幼虫

听 觉

虫子凭借出色的听觉帮助自己逃离捕食动物，也帮助自己寻找伴侣。虫子通常能听到频率很高的声音，比人类的听觉上限高得多。

有些**飞蛾**可以听到蝙蝠发出的高频率超声波，帮助它们躲避，以免被捕食。

蝙蝠

飞 蛾

蚊子根据翅膀的嗡嗡声来选择伴侣。

有些虫子的耳朵长在意想不到的地方。**蚱蜢和美洲大螽斯**的耳朵长在前肢上！

耳朵

蚯蚓没有耳朵，但是它们可以感觉到附近的动物移动而产生的振动。

美洲大螽斯

超级感官

虫子和它们的亲戚对世界的感觉与人类截然不同，但是它们也依靠触觉、嗅觉、味觉、听觉和视觉这**五种基本感官**来生存。

白脸大胡蜂

味 觉

我们用舌头来品尝味道，但是虫子家族的味觉器官可以是**各种不同的身体部位**，包括脚！

果蝇

苍蝇会用脚来辨别食物的味道。

陆地蜗牛

触 角

蛞蝓和蜗牛用触角来品尝味道。

白脸大胡蜂是食肉动物，但是它们也会被含糖物质所吸引。

嗅觉

昆虫用触角闻周围的气味。飞蛾的触角非常敏感，它们可以闻到几英里外的气味。

蚂蚁的嗅觉功能非常强大，它们可以以此来甄别进入蚁巢的入侵者。

触角

蚂蚁

乌桕大蚕蛾

北美蜜蜂

虻

视觉

有些虫子没有视觉功能，而有些虫子比人类看得远得多！视觉对传粉昆虫尤为重要。因为鲜艳夺目的花朵能将传粉昆虫吸引到最美味的植物上。

圆网蛛

触角

触觉

很多虫子的身体覆盖着细小的毛。这些毛对振动非常敏感，有助于虫子感知移动中的捕食动物和猎物。

蜘蛛可以感觉到蛛网上的微小振动。

美洲大蠊

蟑螂的视力不好，因此它们用**触角**来感知周围的环境。它们**对振动也非常敏感**，这就是为什么它们如此容易受惊。

鼋蝽可以感觉到水面的涟漪。

鼋蝽

虫子的防御

尽管虫子尽了最大的努力，**但有时候它们还是会遭受攻击**，这个时候，它们会以各种不可思议的方式保护自己。

难闻的泡沫

化学防御

很多虫子会释放讨厌的化学物质，以警告攻击者。当有些飞蛾被打扰的时候，它们会释放难闻的泡沫。

蚯蚓会分泌黏液，这种黏稠的物质有助于蚯蚓在土壤中滑行，逃离敌人。

闪光玫灯蛾

蚯蚓

声音防御

蟑螂用嘶嘶声吓跑攻击者。这种巨大的噪声是通过迫使空气从他们身体两侧的呼吸孔排出产生的。

蚱蜢

马达加斯加发声蟑螂

断肢求生

有些虫子（包括蚱蜢）会脱落一条腿来分散攻击者的注意！经过几次蜕皮后，很多幸运的虫子会重新长出新腿。

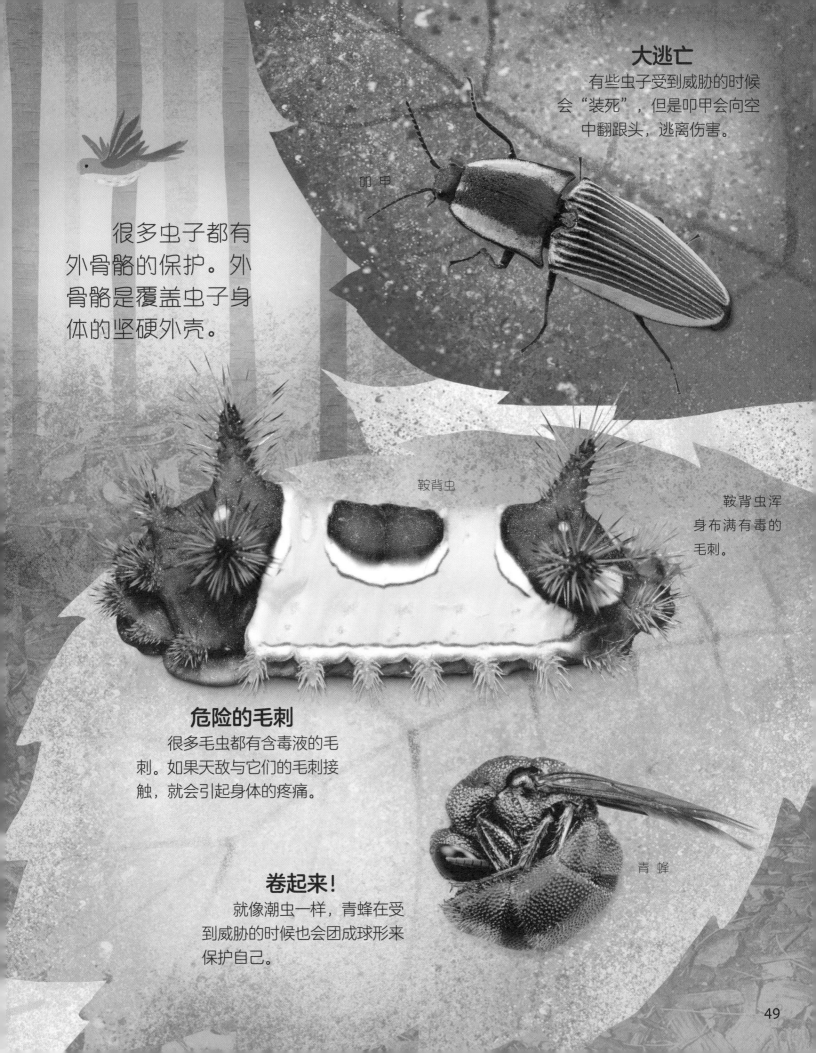

很多虫子都有
外骨骼的保护。外
骨骼是覆盖虫子身
体的坚硬外壳。

大逃亡
有些虫子受到威胁的时候
会"装死"，但是叩甲会向空
中翻跟头，逃离伤害。

叩甲

鞍背虫

鞍背虫浑
身布满有毒的
毛刺。

危险的毛刺
很多毛虫都有含毒液的毛
刺。如果天敌与它们的毛刺接
触，就会引起身体的疼痛。

青蜂

卷起来！
就像潮虫一样，青蜂在受
到威胁的时候也会团成球形来
保护自己。

49

用蚁酸来清洁羽毛称为"蚁浴"。

蚂蚁

防御者

当木蚁感觉它们的穴受威胁时，它们会将腹部塞到两腿之间，并且向攻击者喷出一股酸。一些狡猾的鸟会故意引诱木蚁将酸喷向它们的羽毛，以摆脱让它们身体发痒的螨虫。

木蚁经常吃其他虫子，例如毛虫。

木 蚁

工 蚁

幼 蚁

一个蚁穴可以容纳300 000只蚂蚁。

蚁穴必须保持合适的温度才能使幼蚁存活。因此，蚂蚁将它们的巢穴铺满草和松针，使巢穴保持温暖。

木蚁在蚁穴外接受日光浴，当它们回穴的时候，会将热量带回来。

当幼蚁长到足够大后，它们会变成丝茧。

工蚁将食物送到蚁后那里。

蚂蚁王国
有些木蚁穴只有一个蚁后，但是有时候多个木蚁穴会连接在一起形成有很多蚁后的巨大蚁穴。蚁后唯一的工作是产卵。

蚁穴中几乎所有的蚂蚁都是雌工蚁。雌工蚁照顾幼蚁。

蚁 后

卵

虫子栖息地

到处都有虫子！无论你在哪里，都一定会有一些虫子邻居。

数百万年前，最初的虫子生活在海洋中。现在虫子已经遍布整个地球，它们上天入地，无处不在。

虫子可以在最严酷的地方生存。无论是在炎热干燥的沙漠，还是在冰封的山顶，虫子都能很好地适应环境。有些虫子甚至会夺取其他虫子和动物的家！

请继续阅读，你会发现美丽而奇异的虫子栖息地……

帝王蝴蝶经过漫长的旅程来到温暖的墨西哥林地，从而避免了寒冷的冬天。到达墨西哥后，它们成簇地在树上睡数个月。

在水下生活

有些无脊椎动物一生都在水下生活，那里没有可供呼吸的空气，而且周围都是饥饿的鱼。这些机灵的虫子经过进化，具有了**在水下世界生存的本领**。

蜉蝣成虫

蜉蝣若虫

蚊甲

在水下呼吸

有些虫子，例如蜉蝣若虫，已经进化出从水中提取氧气的能力。但是其他在水下生活的虫子仍然需要从空气中获取氧气。

水下探险家

在水下生活的虫子以很多不同方式在它们的水生生态系统中游动。有些虫子用腿作桨在水中游泳，有些虫子则爬上岩石和植物，还有些虫子甚至可以在水面滑行！

龙虱的身上附带气泡。

龙虱

蜉蝣

有些虫子生命中的一部分时间是在水下度过的，而其余时间则是在空中飞行！

蜻蜓

蜉蝣若虫

划蝽用像桨一样的腿在水里断断续续地划动。

划蝽

水蝎将它们的长尾巴当作通气管，使它们停留在水下的时候也能呼吸空气。

蜻蜓若虫

离 家
有些蜻蜓若虫在长成成虫之前会在水下生活很多年，它们从臀部释放气泡来推动自己前进！

苹果螺会产生一层黏液，使自己沿着岩石和植被滑动。

苹果螺

洞穴居民

洞穴是黑暗、潮湿和静寂的，生活在洞穴中的虫子**特别适应在这些独特的条件**，它们通常是失明的或是色盲的，但是有些虫子具有特殊的感官。

适应洞穴生活的动物被称为"穴居动物"。

洞穴马陆

洞穴马陆

就像很多洞穴虫子一样，洞穴马陆是白色的。因为穴居捕食动物看不见它们，所以洞穴虫子无须用保护色融入这个黑暗的栖息地。

鞭蛛

鞭 蛛

鞭蛛有又细又长的前腿，用于感知。它们用前腿轻轻触摸周围，就可以勾勒出漆黑世界的情景，然后四处爬行，用巨大的颚捕获小虫。

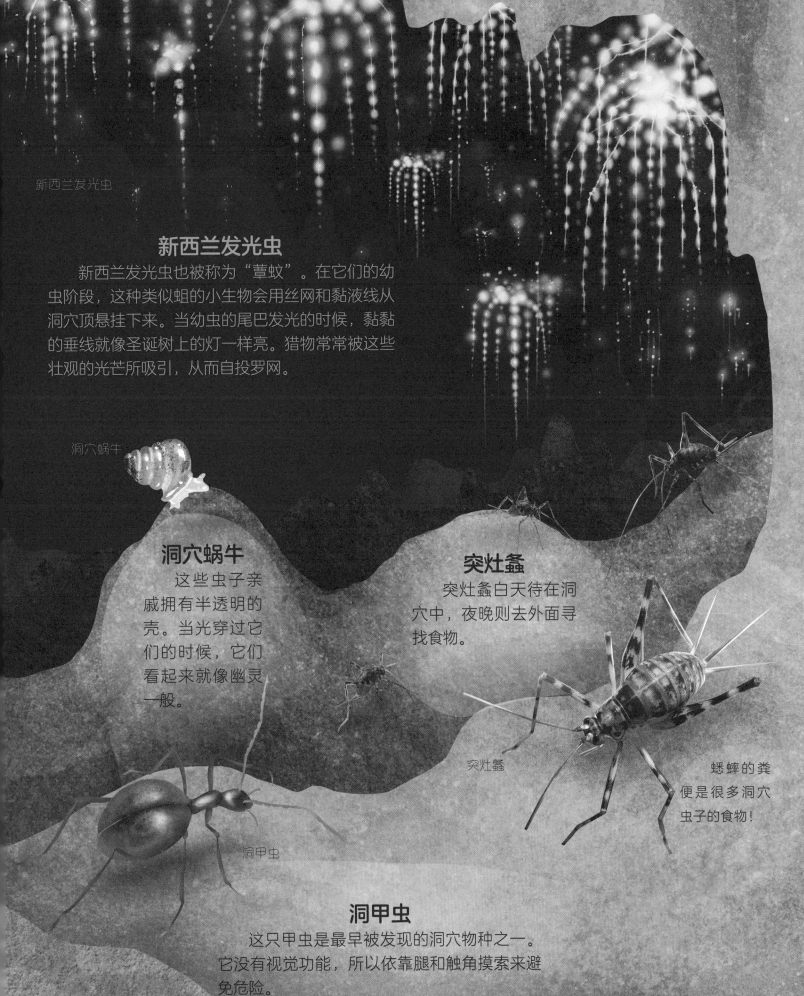

新西兰发光虫

新西兰发光虫也被称为"蕈蚊"。在它们的幼虫阶段，这种类似蛆的小生物会用丝网和黏液线从洞穴顶悬挂下来。当幼虫的尾巴发光的时候，黏黏的垂线就像圣诞树上的灯一样亮。猎物常常被这些壮观的光芒所吸引，从而自投罗网。

新西兰发光虫

洞穴蜗牛

洞穴蜗牛

这些虫子亲戚拥有半透明的壳。当光穿过它们的时候，它们看起来就像幽灵一般。

突灶螽

突灶螽白天待在洞穴中，夜晚则去外面寻找食物。

突灶螽

蟋蟀的粪便是很多洞穴虫子的食物！

洞甲虫

洞甲虫

这只甲虫是最早被发现的洞穴物种之一。它没有视觉功能，所以依靠腿和触角摸索来避免危险。

建筑大师

用唾液、粪便和黏土建造的白蚁巢有令人难以置信的结构，一个白蚁群可能需要很多年才能将一个白蚁巢建造完成。最古老的白蚁巢自古埃及时代就存在了，它们像金字塔一样迷人！

白蚁巢有很多不同的形状和尺寸。

非洲白蚁会建造蘑菇形的白蚁巢。

有些鸟在白蚁巢中筑巢。

最大的白蚁巢高度可超过6米！

饥饿的食蚁兽用又长又黏的舌头从白蚁巢中把白蚁舔出来。

通气口

努力工作

每只白蚁都有不同的工作。雄工蚁和雌工蚁负责建造和维护巢穴。一个巢穴可容纳超过一百万只白蚁兄弟姐妹。

工蚁

住宅被侵

很多动物会偷偷利用不可思议的白蚁巢。蚂蚁、蜂类、蜥蜴甚至婴鹦鹉都喜欢入侵白蚁巢，将它当作自己的家。

通气孔和通道使空气能够在白蚁巢内外流通，从而使巢穴保持恒定的温度。

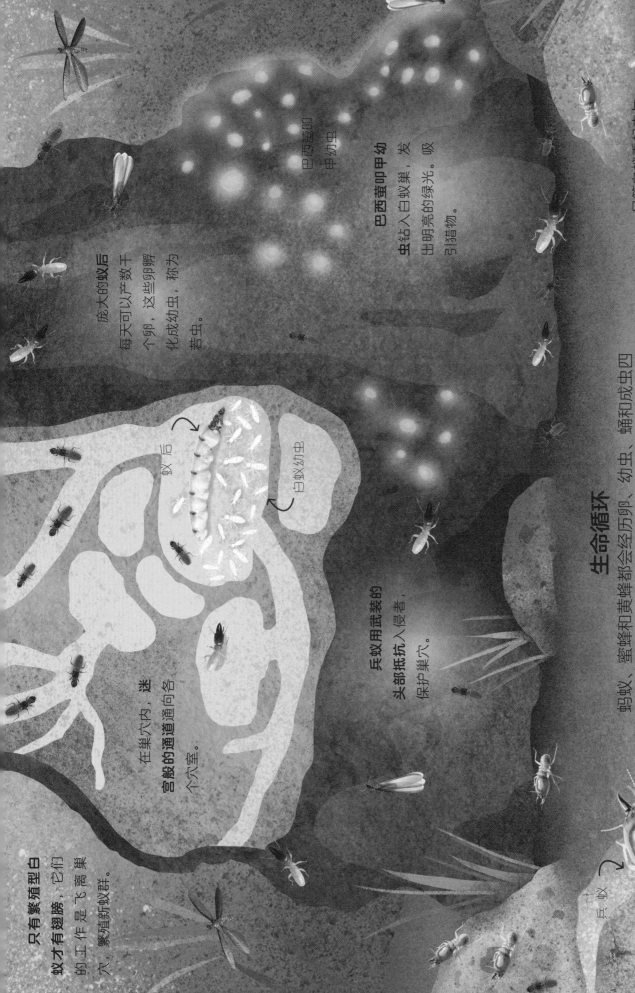

只有繁殖型白蚁才有翅膀，它们的工作是离巢飞穴，繁殖新蚁群。

庞大的蚁后每天可以产下数千个卵，这些卵孵化成幼虫，称为若虫。

在巢穴内，迷宫般的通道通向各个穴室。

蚁后

白蚁幼虫

兵蚁用武装的头部抵抗入侵者，保护巢穴。

巴西萤卵

甲幼虫

巴西萤卵甲幼虫钻入白蚁巢，发出明亮的绿光。吸引猎物。

尽管白蚁看起来与蚂蚁相似，但是实际上它们与蟑螂的亲属关系更近。

生命循环

蚂蚁、蜜蜂和黄蜂都会经历卵、幼虫、蛹和成虫这四个不同的生命阶段，而白蚁则不经历这些阶段。当白蚁孵化后，白蚁幼虫就像白蚁成虫的小版本。

兵蚁

很多虫子在我们的脚下建造家园，在地下通道网络中忙忙碌碌度日。

雌蝼蛄在听到雄蝼蛄的叫声后，会被引诱入音室。

蝼蛄

在交配季节，雄蝼蛄会挖掘特殊的音室，以放大叫声的音量。

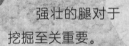

强壮的腿对于挖掘至关重要。

雄蝼蛄在它的音室里吱吱地叫。

蝼蛄在地下通道中度过大部分生命。

很多虫子的蛹生活在地下。

蛹

掘穴的虫子

很多无脊椎动物藏在地下生活，它们可能没有戴安全帽，也没有穿反光马甲，但是它们像其他建筑工一样善于挖洞！

蚁蛉幼虫

蚁蛉幼虫在松软的沙子中挖出漏斗状的坑，然后趴在坑底等待。当一只蚂蚁跌入坑中后，蚁蛉幼虫就向蚂蚁泼沙，使其不断往下掉，直到蚂蚁掉进蚁蛉幼虫的嘴钳里。

蚁蛉幼虫最终会变成蚁蛉成虫，成虫看起来有点像蟌。

蚁蛉幼虫的嘴钳和它们的头一样大！

螲蟷

这种蜘蛛生活在用嘴挖出的布满丝网的洞穴通道中。它们在用丝织成的门后面等着毫无戒心的虫子路过，然后扑过去将虫子抓住。

雌螲蟷可以在地下通道内度过一生，随着它们的成长而将通道加宽。

泥蜂

独居的泥蜂用腿上带刺的刷子把地下巢穴挖出来，然后在每个巢穴中产一个卵。在将每个巢穴密封之前，它会放入被它麻痹的虫子，作为卵孵化后的食物。

泥 蜂

多刺的刷子

虫子海盗

海洋中成堆的塑料垃圾对环境是有害的，但是有一种小动物在塑料垃圾上安居乐业，它们就是海龟。

海上生活

海龟的一生都在茫茫大海上度过，它们是唯一能够在冰冷的咸海浪中**生存**的昆虫。

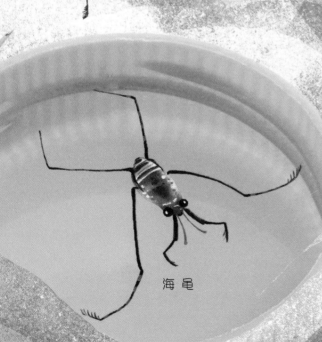

海龟

太平洋垃圾带是一个位于太平洋中部的大型漂浮垃圾场。这些垃圾上有海龟生活。

未来的危险

海龟的数量太多会破坏海洋生态系统的平衡。海龟吃浮游生物，而浮游生物是鲸鱼等其他生物赖以生存的食物。

放大的浮游生物

在塑料垃圾到来之前，海龟将卵产在羽毛和贝壳上。

海龟六条腿上的毛附着气泡，使海龟能够在水面上漂浮。

卵

极端环境

从寒冷的冰川到炎热的沙漠，从山峰到海洋深处，**虫子和它们的近亲几乎可以在任何地方生存！**

雾姥甲虫在自己的身体上收集晨雾，然后倒立，将水滴入口中饮用。

在漫长的岁月中，积雪层被压缩成冰，形成冰川。微小的**冰虫**能够在冰川的裂缝中蠕动，并且以生长在冰川的藻类为食。

冰虫非常适应寒冷，以至于将它们握在温暖的手中就可能会杀死它们。

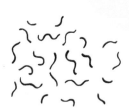

后翻蜘蛛在沙子上"侧手翻"，以逃离危险。

毛茸茸的灯蛾毛虫的血液中有防冻的物质，可防止它们体内的水分冻成冰。

尽管**避日蛛**的名字里有"蛛"字，但是它们实际上并不是蜘蛛，而是一种凶猛的蜘蛛纲虫子，可以杀死蜈蚣和蝎子等有毒的虫子。它们避过炎热的沙漠阳光，在夜间猎食。

苔原

在这个**冰雪**遍地的土地上，几乎没有植物生长。这里的虫子必须适应恶劣的、**冰冷的冬季。**

沙漠

炎热干燥的气候使沙漠成为爬虫类生存的最具挑战性的栖息地之一。

北极熊蜂身上的毛比它们的南方表亲身上的毛厚，使它们能够抵御寒冷。

雪蚤具有特殊的弹簧状身体部分，有助于它们在雪中跳跃。

喜马拉雅跳蛛生活在世界上最高的几座山峰上，包括珠穆朗玛峰。

山脉

高山上的虫子必须能够在**空气稀薄和食物匮乏**的条件下生存，而且要承受严寒。

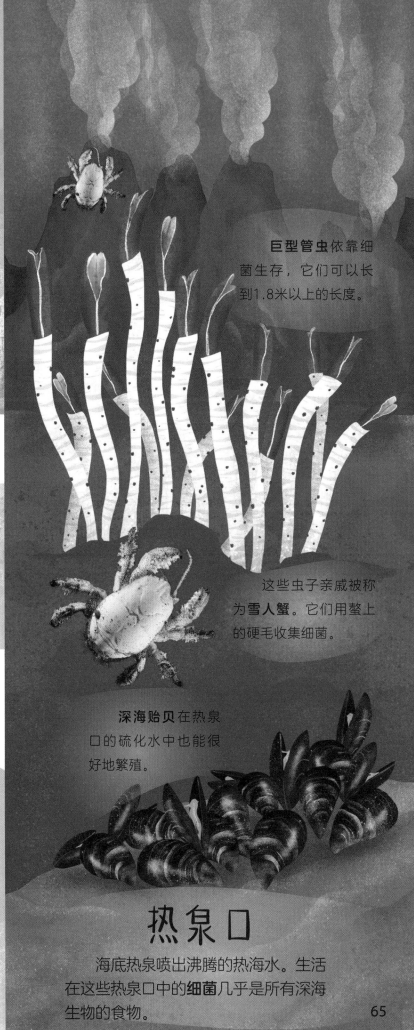

巨型管虫依靠细菌生存，它们可以长到1.8米以上的长度。

这些虫子亲戚被称为**雪人蟹**。它们用螯上的硬毛收集细菌。

深海贻贝在热泉口的硫化水中也能很好地繁殖。

热泉口

海底热泉喷出沸腾的热海水。生活在这些热泉口中的**细菌**几乎是所有深海生物的食物。

虫子和我

　　数百万年来，虫子一直在地球上生活和繁盛，但是自从人类在地球上出现以后，几乎每种动物的生活都发生了变化，包括虫子。

　　虫子的数量正在改变。有些虫子物种的数量有所增加，常常是人类的活动造成的，但是有些虫子物种的数量减少了，还有些虫子物种有完全消失的危险。

　　如果我们善待环境，虫子和人类可以在未来很多年里和谐共处。每当我们使用或饲养虫子的时候，我们都必须以负责任、尊重和可持续的方式进行。

　　最重要的是，我们必须记住，即使虫子很小，它们对我们的地球也非常重要，因此我们必须尽力保护它们。

　　这是一罐孔雀蛱蝶毛虫。收集虫子是了解它们的一种好方法，但是请记住，项目完成后要将它们释放回你找到它们的地方。

大型超市

蜘蛛

蜘蛛丝

蜘蛛丝很结实，而且非常轻。它们可以被用来制作布料，甚至是小提琴的琴弦，但是大量提取却非常困难，因此人们并不经常使用蜘蛛丝。

牡蛎

营业中

珍珠

当某些物体进入有些软体动物（例如牡蛎和贻贝）的外壳以后，会产生珍珠。珍珠可用于首饰。

蚕

丝绸

我们使用的丝大多来自桑蚕的茧。

5 000多年来，桑蚕茧一直被用于生产高质量的织物。

你可能不会相信虫子和它们的亲戚会衍生出这些材料。几千年前，人们意识到用虫子制成的产品可能非常有用，并且开始养殖虫子。现在虫子制成的商品仍然可以在世界各地找到。

蜜 蜂

蜂 蜜

大约在一万年前，人类首次采野蜂蜜。现在，蜜蜂养殖和蜂蜜生产已经成为一大产业。

蜂 蜡

蜂蜡是工蜂为了制造蜂巢而产生的特殊的蜡。我们在蜡烛和清漆中使用蜂蜡。

蜂王浆

蜜蜂制造蜂王浆来喂养幼蜂和蜂后。我们的一些面霜中会用到蜂王浆。

昆 虫

食用色素

有些红色食用色素是将南美的蚧壳虫磨碎制成的。

毒 液

毒液听起来非常有害，但是在医学上可能有用。蜂和蚂蚁的毒液可用于治疗关节肿胀和皮肤受损。

问 题

三思而后行

虫子可以产生很多有用的材料，但是我们采集和加工这些产品（包括丝绸和染料）的方式可能很残酷。当蚕茧被用来制造丝绸时，蚕会死亡。我们必须杀死很多蚧壳虫才能制造少量染料。所以，在购买由虫子材料制成的产品之前，请三思而后行。

帮助地球

很多人认为虫子都是害虫，但是实际上大多数虫子是益虫。**如果没有虫子和它们的亲戚，我们在地球上的生活将完全不同。**虫子对于我们的生存以及地球的生存至关重要。如果没有这些小英雄，我们所知的这个世界就不会存在。

重要传粉者

想象一下，如果没有虫子给水果和蔬菜授粉会怎样？如果没有虫子，三分之一的农作物和无数野生植物将消失。

正在吃蚯蚓的北美知更鸟

食物链

虫子和它们的亲戚可能很小，但是它们在食物链起始端扮演着极其重要的角色。它们是无数两栖动物、鸟类、哺乳动物和爬行动物的食物。

在自然界的微妙平衡中，每个生物都扮演着重要角色。

防治害虫者

捕食性虫子通过吃害虫来控制很多害虫的数量，使我们的农作物免受破坏。

正在吃蚜虫的瓢虫

回收爱好者

大自然的虫子清洁队收集废料并且吃掉废料。如果没有虫子和它们的亲戚，死去的动物、植物和粪便将成为一个大问题。

正在吃腐烂木头的球马陆

大自然的园丁

生活在土壤中和地下的虫子以及它们的亲戚改良土壤来帮助植物生长，它们的粪便成为肥料，它们挖掘通道，使水和空气到达植物根部。

飞蛾被非自
然光源吸引。

虫子的生存危机

在世界各地，虫子正在迅速消失，这主要是由于人类对地球所做的改变。如果我们不改变自己的行为，虫子将完全消失。

许多虫子利用太阳和月亮的自然光来导航并且识别时间。人造光会迷惑它们，将它们吸引到错误的地方。

气候变化

全球气温上升和天气模式变化会影响植物和花的生长。有时候，这意味着虫子无法在它们期待的时间和地方得到食物。如果虫子找不到生存所需要的食物，那么以虫子为食的动物也将面临危险。

丧失栖息地

随着城市的发展，自然空间消失，树木被砍伐，虫子的生存和觅食空间也越来越少。

失乐园

花园曾经是虫子的天堂。但是，随着人们竖起更多的篱笆，整理草坪，铺放塑料板和混凝土，虫子与人类共存比以往任何时候都更加困难。

专用飞机给农田喷洒农药。

有害的化学物质

农药，包括杀虫剂、除草剂和杀真菌剂，是农民用来使农作物免受害虫、杂草和疾病侵害的化学物质。但是农药有可能在杀死害虫的同时杀死益虫，对蜜蜂尤其有害。

帮助虫子

虫子值得我们的关爱。毕竟，它们的努力工作使我们的星球处于最佳状态。请帮助它们建立一个舒适的新家。

建造一个虫子旅馆

腾出地方，建造一个虫子旅馆，这是帮助虫子和回收花园废物的好方法。无论旅馆是大还是小，虫子都会喜欢你给它们提供的安全住所。

在一只盘子里放满鹅卵石，加水。你的虫子客人可能想喝水！

请成年人帮助你搬运重物，并且建造一个稳定的旅馆。

收集

收集建造虫子旅馆所需要的材料。几乎所有物品都可以用来建造虫子的家，但是天然材料是最好的。寻找腐烂的树枝、树皮、丫枝、松果、枯叶、竹竿、原木、干草、稻草……你有无数种材料可以使用！

建造

在室外的平坦地面上寻找建造旅馆的理想场所。将砖块均匀地放在地面上，然后在它们上面放一些旧木托板。仔细建造，你一定不愿看到虫子旅馆倒塌！

有些虫子会在你的旅馆短暂停留，而有些虫子则可能选择在这里冬眠，度过寒冷的冬季。

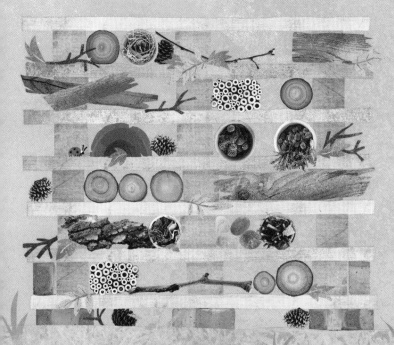

填充

发挥创意来填充木托板之间的空间。首先添加花盆和树枝等较大的材料，然后逐渐用松果和空心植物茎等填充较小的空间。你可以用稻草和割下来的草来填充很小的空隙。

装饰

为你的旅馆添加点睛之笔。做一个招牌，在旅馆附近种植雏菊等富含花蜜的花，这些花是蜜蜂和其他授粉客人最喜欢的食物。然后坐下来，看你的小朋友们搬进来。

术语表

（以下词义只限于本书内容范围）

变态

动物从幼年形态逐步转变为成年形态的过程。

捕食动物

猎杀其他动物为食的动物。

触角

一对位于昆虫头部前面的探测须。

毒液

动物或植物射出的有害或有毒物质。

多足纲动物

一种有很多条腿的节肢动物，例如蜈蚣和马陆。

繁殖

植物或动物产生后代的过程。

复眼

由很多微小透镜组成的眼睛，在昆虫和有些甲壳类动物的身上出现。

腹部

昆虫身体的后部。

腹足纲软体动物

软体动物中最大的群体，它们有触角和数百颗牙齿。

害虫

攻击或破坏农作物等植物的有害动物。

花粉

雄蕊花朵的微小颗粒，与植物的雌蕊结合在一起可以结种子。

花蜜

花朵产生的吸引昆虫的含糖液体。

脊椎动物

在背部有脊椎骨的动物。

寄生虫

生活在另一个物种（宿主）身体上或体内的动物。寄生虫对宿主有害，但是很少杀死宿主。

甲壳类

一种节肢动物，通常是水生的，用鳃呼吸，例如龙虾和虾。

茧

茧是很多昆虫的幼虫制作的丝囊，它们将自己包裹在其中化蛹。

节肢动物

一种无脊椎动物，它们有具有关节的腿、分段的身体和坚硬的外骨骼，例如昆虫、蜘蛛和多足纲。

昆虫

具有三个体段和六条腿的节肢动物。

猎物

被其他动物猎食的动物。

栖息地

植物或动物的自然家园，例如森林、草地或雨林。

群体

生活在一起的一群相同种的动物。

软体动物

又小又软的无脊椎动物，例如蛞蝓和蜗牛。它们的大多数都有壳。最常见的软体动物是腹足纲软体动物。

若虫

处于不完全变态早期的昆虫。

生物发光

使动物发光的化学反应。

食腐动物

以死动物、植物和垃圾为食的动物。

授粉

微小的花粉颗粒使雌蕊受精的过程，以结种子并且长出新植物。

外骨骼

一种给节肢动物的身体提供构型和保护的坚硬外部骨头。

伪装

帮助虫子融入周围环境的颜色、图案或形状。

无脊椎动物

背部没有脊椎骨的动物。

物种

具有共同特征的动物群或植物群。

胸部

昆虫身体的中段。

氧气

空气中的一种气体。所有生物都需要氧气才能生存。

若虫

处于不完全变态早期的昆虫。

蛛形纲动物

一种节肢动物，有八条腿和两个身体部分，例如蜘蛛、蝎子和螨虫。

中英词汇对照表

注：以下英中对照的词义只限于本书内容的范围。

英　文	中　文
abalone	鲍鱼
abdomen	腹部
acid	酸
adult	成虫，成年人
African giant millipede	非洲巨人马陆
air	空气
algae	藻类
Amazon rainforest	亚马孙雨林
American cockroach	美洲大蠊
American lobster	美洲螯龙虾
amerila moth	闪光玫灯蛾
amphibian	两栖动物
anicia checkerspot butterfly	堇蛱蝶
animal	动物
ant	蚂蚁
anteater	食蚁兽
antennae	触须，触角
anting	蚁浴
antlion	蚁蛉
aphid	蚜虫
appearance	外貌
apple snail	苹果螺

英　文	中　文
arachnid	蛛形纲
arachnids	蜘蛛
Arizona bark scorpion	亚利桑那树皮蝎
arm	前肢
arthropod	节肢动物
atlas moth	乌桕大蚕蛾
backbone	脊椎骨
bacteria	细菌
bald-faced hornet	白脸大胡蜂
bamboo cane	竹竿
bark	树皮
bark scorpion	树皮蝎
barnacles	藤壶
bat	蝙蝠
bear caterpillar	灯蛾毛虫
bee	蜂，蜜蜂
bee hive	蜂巢
bee orchid	蜂兰
beehive	蜂房
beeswax	蜂蜡
beetle	甲虫
big dipper	北斗萤火虫
biolumines-cence	生物发光

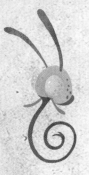

英 文	中 文
bird	鸟
blood	血液
blue dragon nudibranch	大西洋海神海蛞蝓
bluebottle fly	红头丽蝇
body	身体
bottom	臀部
branch	树枝
brush	刷子
bug	虫子
builder	建筑者，建筑工
bumblebee	熊蜂
bumblebee millipede	约安巨马陆
bush-cricket	树螽
butcher boy	潮虫
butterfly	蝴蝶
cacao	可可
camouflage	伪装
candle	蜡烛
cardinal beetle	赤翅虫
carnivore	食肉动物
cartwheel	侧手翻
caterpillar	毛虫
cave	洞穴
cave cricket	突灶螽
cave millipede	洞穴马陆
cave snail	洞穴蜗牛

英 文	中 文
cave spider	洞穴蜘蛛
centipede	蜈蚣
chamber	室
change	变化
cheesy bug	地虱
chemical	化学物质
chimney	出气口
chocolate	巧克力
cicada	蝉
circular muscle	圆形肌肉
claw	爪，钳
clay	黏土
clearwing butterfly	宽纹黑脉绡蝶
click beetle	叩甲
climate	气候
close relative	近亲
cloth	布料
cockroach	蟑螂
cocoon	茧
coffin cutter	负蟠
colony	群，群落
colour	颜色
combination	结合
complete metamorpho-sis	完全变态
compound eye	复眼
cone snail	鸡心螺
coral	珊瑚
cow	牛

英 文	中 文	英 文	中 文
crab	螃蟹	digger wasp	泥蜂
crack	裂缝	digging	挖掘
crater	陷口	dinner	晚餐
crawlies	爬虫	dinosaur	恐龙
creature	生物，(特指)动物	disease	疾病
creepy crawlies	爬虫类	dish	盘子
crevice	缝隙	distance	距离
cricket	蟋蟀	diving beetle	龙虱
crop	农作物	diving bell spider	水蛛
crustacean	甲壳类	dome	圆顶
cubitermes termites	非洲白蚁	door	门
cuckoo wasp	青蜂	dorid nudi-branch	海麒麟
cud worm	潮虫	dragon millipede	粉色马陆
daisy	雏菊	dragonfly	蜻蜓
damselfly	蟌	drone	雄蜂
dance	舞蹈	dung beetle	蜣螂
dancer	舞蹈家	dungeness crab	珍宝蟹
danger	危险	dweller	居民
day	白天	dye	染料
dead leaf mantis	枯叶螳螂	ear	耳朵
deep sea mussel	深海贻贝	earth	地球
defence	防御	earthworm	蚯蚓
defender	防御者	earwig	蠼螋
desert	沙漠	ecosystem	生态系统
desert blonde tarantula	墨西哥金背	egg	卵子，蛋
		egg sac	卵囊

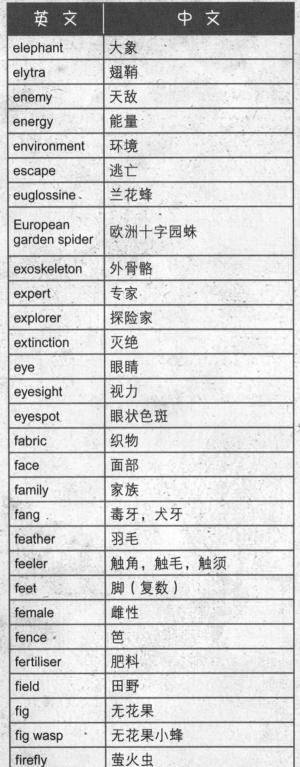

英 文	中 文	英 文	中 文
elephant	大象	fish	鱼
elytra	翅鞘	fishing line	黏液线
enemy	天敌	flat-backed millipede	平背马陆
energy	能量	flatworm	扁虫
environment	环境	flic-flac spider	后翻蜘蛛
escape	逃亡	flower	花
euglossine	兰花蜂	flower beetle	花金龟
European garden spider	欧洲十字园蛛	fly	苍蝇
exoskeleton	外骨骼	fog	雾
expert	专家	fog-basking beetle	雾姥甲虫
explorer	探险家	food	食物
extinction	灭绝	food chain	食物链
eye	眼睛	food colouring	食用色素
eyesight	视力	foot	脚
eyespot	眼状色斑	forest	森林
fabric	织物	foxglove	毛地黄
face	面部	frangipani hornworm	鸡蛋花天蛾幼虫
family	家族	freshwater	淡水
fang	毒牙，犬牙	fruit fly	果蝇
feather	羽毛	function	功能
feeler	触角，触毛，触须	fungi	真菌
feet	脚（复数）	fungicide	杀真菌剂
female	雌性	fungus gnat fly	蕈蚊
fence	笆	funnel	漏斗
fertiliser	肥料	garden	花园
field	田野	garden slug	蛞蝓
fig	无花果	garden snail	庭院大蜗牛
fig wasp	无花果小蜂		
firefly	萤火虫		

英 文	中 文	英 文	中 文
gardener	园丁	harvestman	盲蜘蛛
gastropod	腹足纲软体动物	hat	帽子
giant blue earthworm	巨型蓝蚯蚓	hawk-moth caterpillar	象鹰蛾毛虫
giant brown millipede	巨型棕色马陆	hay	干草
		head	头
giant tiger centipede	印度瑰宝蜈蚣	headlight beetle	巴西萤叩甲
giant tube worm	巨型管虫	headstand	倒立
		hearing	听力
gill	鳃	heat	热量
glacier	冰川	herbicide	除草剂
glowworm	发光虫	herbivore	食草动物
golden orb weaver spider	圆网蛛	hero	英雄
		hive	蜂巢，蜂房，蜂箱
goods	产品	hi-vis vest	反光马甲
grain	颗粒	honey	蜂蜜
grass	草	honey bee	蜜蜂
grasshopper	蚱蜢	honeycomb	蜂窝
grassland	草地	hook	钩，钩子
Great Pacific Garbage Patch	太平洋垃圾带	hornet	大黄蜂
		horsefly	虻
green	绿色	horsehead grasshopper	马脸蚱蜢
group	群体		
guest	客人	hotel	旅馆
habitat	栖息地	house centipede	蚰蜒
haltere	平衡棒		
hammock	吊床	human	人类
hand	手	hummingbird hawk-moth	蜂鸟鹰蛾
harm	伤害		

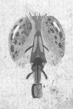

英 文	中 文	英 文	中 文
hunter	猎手	leg	足
hunting	捕猎	length	长度
hydrothermal vent	热泉口	lense	透镜
		life	生命
ice	冰	lifecycle	生命周期
ice worm	冰虫	light	光，光线
insect	昆虫	limpet	帽贝
insecticide	杀虫剂	liquid	液体
interval	间隔	lizard	蜥蜴
invasion	侵略	lobe	瓣
invertebrate	无脊椎动物	lobster	龙虾
irritation	疼痛	locust	蝗虫
jar	罐	log	原木
jaw	颚	longitudinal muscle	纵向肌肉
jellyfish	水母		
jewellery	珠宝	loss	损失
joint	关节	luciferin	萤光素
jumping spider	跳蛛	luna moth	美洲月形天蚕蛾
jungle centi-pede	少棘蜈蚣	lung	肺部
		Madagascan hissing cockroach	马达加斯加发声蟑螂
junk	废物		
katydid	美洲大螽斯	male	雄性
krill	磷虾	mammal	哺乳动物
ladybird	瓢虫	master	大师
land	陆地	mate	配偶
larva	幼虫	material	材料
larvae	幼虫（复数）	mayfly	蜉蝣
lawn	草坪	meat	肉
leaf insect	叶䗛	medicine	医学，医药
leech	水蛭	member	成员

英 文	中 文	英 文	中 文
metamorpho-sis	变态	myriapod	多足类
microscope	显微镜	narrow-necked blind cave beetle	洞甲虫
midge	墨蚊	nature	大自然，自然界
millipede	马陆	nectar	花蜜
mint leaf beetle	薄荷叶甲虫	nectar guide	蜜源指示
mite	螨虫	neighbour	邻居
mole cricket	蝼蛄	nest	巢
molluscs	软体动物类	network	网络
monarch butterflies	帝王蝴蝶	noisemaker	噪声制造者
moon	月亮	nudibranch	裸鳃目
mopane caterpillar	莫帕尼蠕虫	nudibranch sea slug	裸鳃类
mosquito	蚊子	nymph	若虫
moth	飞蛾	oar	桨
moult	蜕皮	ocean	海洋
mound	土丘	octopus	章鱼
Mount Everest	珠穆朗玛峰	oil	油
mountain	山，山脉	omnivore	杂食动物
mouth	口，嘴	orchid	兰花
mouthpart	口器	orchid bee	兰花蜂
mucus	黏液	owl butterfly	猫头鹰蝴蝶
mulberry silkworm	桑蚕	oxygen	氧气
muscle	肌肉	oyster	牡蛎
mushroom	蘑菇	paddle	桨
mussel	贻贝	paradise	乐园
		parasite	寄生虫
		parrot	鹦鹉
		partner	伙伴
		pattern	模式

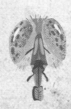

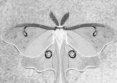

英 文	中 文	英 文	中 文
pea bug	鼠姑	plankton	浮游生物
peacock butterfly	孔雀蛱蝶	plant	植物
peacock spider	孔雀蜘蛛	plant eater	食草动物
		planthopper	蜡蝉
peak	山峰	plastic	塑料
pearl	珍珠	plastic sheet	塑料布
pebble	鹅卵石	pollen	花粉
pedatory bug	捕食性昆虫	pollination	授粉
perfume	香水	pollinator	传粉者，授粉媒介
pest	害虫	pond skater	黾蝽
pest control	害虫防治	poo	粪便
pesticide	农药	population	虫口，种群（量）
petal	花瓣	praying mantis	螳螂
photinus carolinus	同步萤火虫	predator	捕食动物
		prey	猎物
photinus consan-guineus	同族萤火虫	proboscis	长鼻，喙管
		product	产品
photinus ignitus	红色萤火虫	pterosaur	翼龙
		pupae	蛹
photinus pyralis	北斗萤火虫	pyramid	金字塔
		queen ant	蚁后
pill bug	鼠妇	rainbow shield bug	彩虹盾蝽
pill millipede	球马陆		
pincer	钳	rainforest	雨林
pine needle	松针	red mangrove flatworm	红树林扁虫
pinecone	松果		
pirate	海盗	red millipede	红色马陆
pitch	音高	relatives	亲戚
planet	行星	reptile	爬虫，爬行动物
		rhino	犀牛

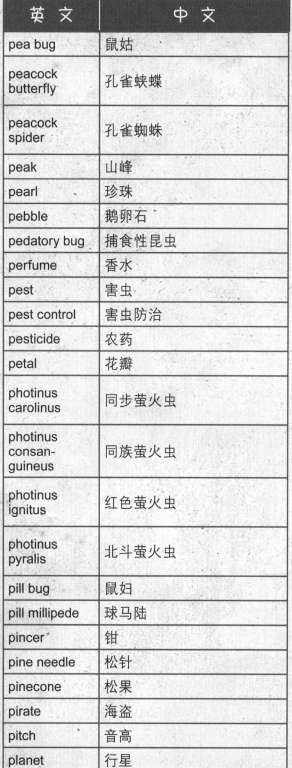

英 文	中 文	英 文	中 文
ripple	涟漪	sea snail	海螺
risk	危险	sea turtle	海龟
rock	岩石	seawater	海水
roller	滚球手	secret	秘密
roly-poly	潮虫子	seed	种子
roof	屋顶	segment	部分，节段
room	室	segmented body part	体段
root	根	segmented worm	分节蠕虫
roundworm	蛔虫		
royal jelly	蜂王浆	sense	感官
rubbish	垃圾	shape	形状
Saddleback caterpillar	鞍背虫	sheep	羊
saliva	唾液	shell	壳，贝壳
sand	沙	shelter	庇护所
savannas	稀树草原	shield bug	蝽
scale	鳞片	shore	海边
scale bug	蚧壳虫	shovel	铲
scavenger	食腐动物	sight	视野，视觉
scolopendra	哈氏蜈蚣	sign	招牌
scorpion	蝎子	signal	信号
scrap	碎屑	silk	丝，蚕丝
sea	海洋	silkworm	蚕
Sea bunny nudibranch	海兔	simple eye	单眼
		skeleton	骨骼
sea butterfly	海蝴蝶	skin	皮肤
sea ears	海耳	sky	天空
sea floor	海底	slater	西瓜虫
sea skater	海黾	slug	蛞蝓
sea slug	海蛞蝓	smell	气味，嗅觉

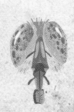

英 文	中 文	英 文	中 文
snail	蜗牛	straw	稻草
snake	蛇	string	(乐器的)弦
snorkel	通气管	substance	物质
snow	雪	sulphurous water	硫化水
snow flea	雪蚤		
soil	土壤	summer	夏天
soldier	士兵	sun	太阳
soldier termite	兵蚁	sun spider	避日蛛
song	歌曲	superpower	超级能力
sound	声音	surface	表面
source	来源	survival	存活，生存
sow bug	团子虫	swallowtail caterpillar	柑橘凤蝶幼虫
specy	物种		
speed	速度	swimming	游水
spider	蜘蛛	synchronous firefly	同步萤火虫
spider silk	蜘蛛丝		
spines	棘状突起刺	tail	尾巴
spiral	螺旋	tapeworm	绦虫
sponge	海绵	taste	味觉，味道
spring	弹簧	temperature	温度
spur	距	tentacle	触须，触角
stag beetle	锹虫	termite	白蚁
stage	阶段	termite mound	白蚁巢
stalk	茎状部	thorax	胸部
starfish	海星	thorn bug	角蝉
stem	茎	tick	扁虱
stick insect	竹节虫	tip	尖端，端
stinger	螫，针，刺	tongue	舌头
stomach	胃	tooth	牙齿
store	商店	touch	触，触觉

英文	中文	英文	中文
trail	痕迹	waterfall centipede	瀑布蜈蚣
transformation	转型	watery eco-system	水生生态系统
trapdoor spider	螲蟷	wax	蜡
treasure	宝藏	weather	天气
trick	诀窍	web	网
troglobite	穴居动物	weed	杂草
true bug	半翅目	whale	鲸鱼
tube	管状地下通道	whip spider	鞭蛛
tundra	苔原	whirligig beetles	豉甲
tunnel	通道	wild bee	野蜂
tunneller	通道工	wing	翅膀
ultrasound	超声波	winter	冬天
underground	地下	wood	木头
underwater	水下	wood ant	木蚁
varnish	清漆	woodland	森林地带，林地
vegetarian	素食者	woodlice	潮虫（复数）
vegetation	植被	woodlouse	潮虫
venom	毒液	woodlouse spider	潮虫蜘蛛
version	版本	worker ant	工蚁
vertebrate	脊椎动物	worker bee	工蜂
vibration	振动	world	世界
vinegaroon	鞭蝎	worm	蠕虫
violin	小提琴	yeti crab	雪人蟹
volume	音量		
wasp	黄蜂		
waste	废物		
water	水		
water boatmen	划蝽		
water scorpion	水蝎		

致 谢

The publisher would like to thank the following people for their assistance: Hélène Hilton for proofreading; Cécile Landau for editorial help; Polly Appleton and Eleanor Bates for design help; Dragana Puvacic for pre-production assistance; Helen Peters for the index; Gary Ombler for additional photography; and Tom Morse for CTS help. Many thanks to Martin French at BugzUK.

图片来源

关于插画者

克莱尔·麦克尔法特里克是一名自由艺术家。她曾经制作手绘贺卡，后来为儿童读物画插图。她为《神秘的树百科》和《精彩的虫百科》画插图，灵感来自她在英格兰乡村的家。